[illegible] L. HERRAN
[illegible] VÉTÉRINAIRE

L'AMÉLIORATION
[illegible] BOVINES INDIGÈNES

[illegible] de Reproducteurs français
[illegible] Colombie

[illegible] PUBLICATIONS
[illegible] PIERRE BOSSUET
[illegible] PARIS [illegible]

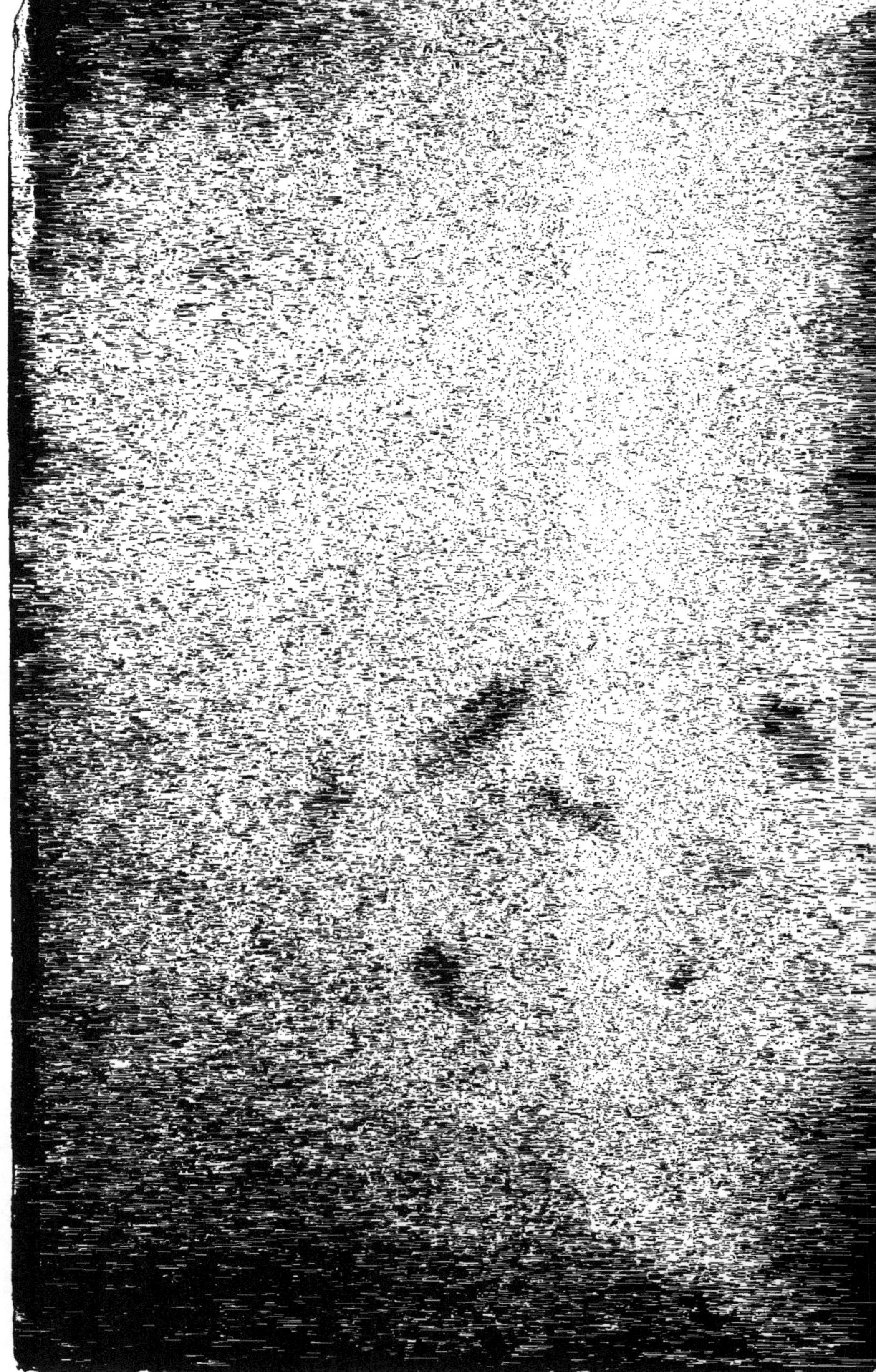

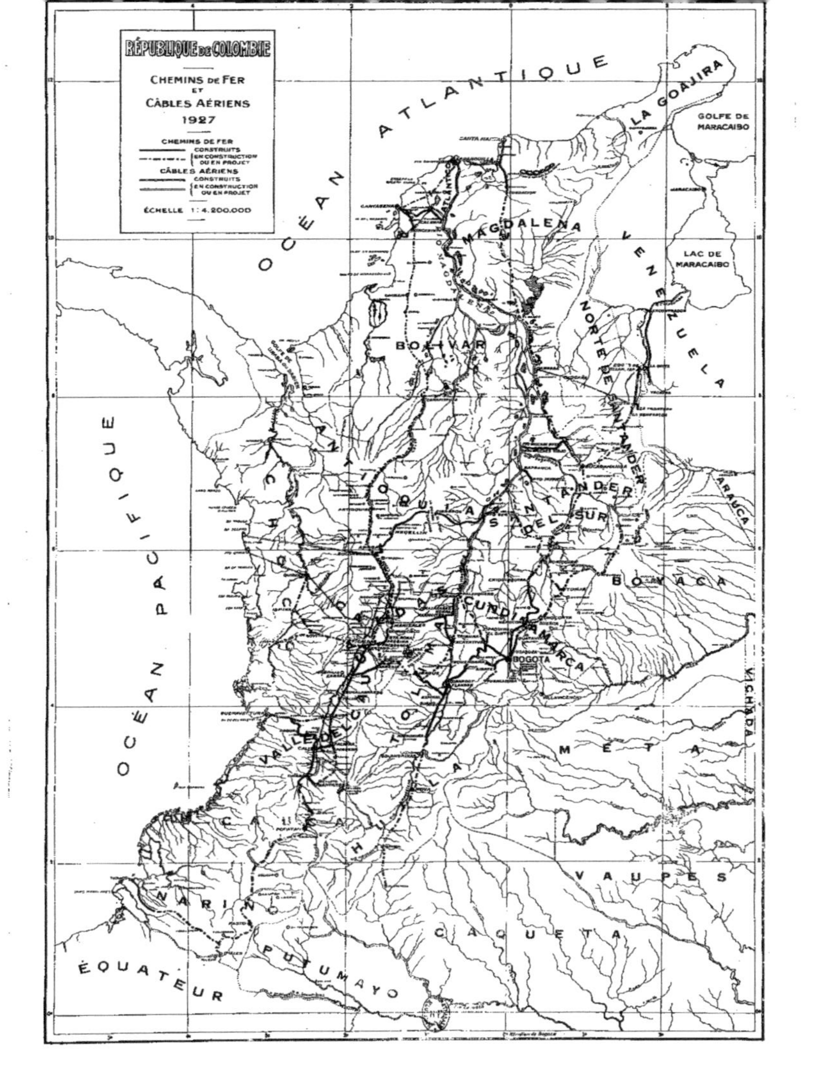
RÉPUBLIQUE DE COLOMBIE
CHEMINS DE FER ET CÂBLES AÉRIENS
1927
CHEMINS DE FER
CONSTRUITS
EN CONSTRUCTION OU EN PROJET
CÂBLES AÉRIENS
CONSTRUITS
EN CONSTRUCTION OU EN PROJET
ÉCHELLE 1 : 4.200.000
OCÉAN ATLANTIQUE
LA GOAJIRA
GOLFE DE MARACAIBO
LAC DE MARACAIBO
MAGDALENA
VENEZUELA
NORTE DE SANTANDER
BOLIVAR
ANTIOQUIA
SANTANDER DEL SUR
ARAUCA
BOYACA
CUNDINAMARCA
BOGOTA
CHOCO
CALDAS
TOLIMA
VICHADA
META
VALLE DEL CAUCA
HUILA
CAUCA
VAUPES
NARIÑO
CAQUETA
PUTUMAYO
ÉQUATEUR
OCÉAN PACIFIQUE

DE L'AMÉLIORATION DES RACES BOVINES INDIGÈNES

par l'Importation de Reproducteurs Français

en Colombie

Alberto L. HERRAN

DOCTEUR VÉTÉRINAIRE

DE L'AMÉLIORATION

DES RACES BOVINES INDIGÈNES

par l'importation de Reproducteurs français en Colombie

ÉDITIONS ET PUBLICATIONS
CONTEMPORAINES - PIERRE BOSSUET
47, RUE DE LA GAITÉ — PARIS — 14e

1930

AVANT-PROPOS

Ayant terminé mes études et voulant composer ma thèse de doctorat, je me suis adressé à M. le professeur Dechambre pour lui proposer comme sujet : « De l'Amélioration des Races Bovines Indigènes par l'Importation des Reproducteurs Français en Colombie ».

Le savant zootechnicien me fit bon accueil et m'encouragea à poursuivre ce travail.

Mon objet est :

De faire connaître aux éleveurs colombiens les avantages économiques qui résulteraient de l'importation plus vaste des races dont il s'agit, et surtout de deux d'entre elles, la Normande et la Charolaise, dont on est sûr qu'elles réussiront ;

D'étudier les terrains des régions normande et charolaise ;

De rapprocher et de comparer les ressemblances géographiques, géologiques et climatériques du Charolais et de la Normandie avec celles de certains points de la Colombie ;

D'étudier sommairement les principaux lieux d'exportation et les endroits où se font les foires-expositions et marchés, pour que les éleveurs colombiens puissent obtenir des renseignements plus précis et complets que ceux que je pourrai leur donner ici ;

De traiter de la possibilité de fonder en Colombie, comme cela se fait en France, des Syndicats d'élevage et d'importation, qui seraient en rapport commercial avec les Syndicats français, organismes sérieux qui donnent toute chance de garanties.

Enfin, après avoir étudié sommairement ces questions, il faudra que l'éleveur colombien se rende compte que l'hygiène, l'entretien et le choix du reproducteur sont au premier plan pour aboutir à l'acclimatation d'abord, à l'amélioration ensuite.

Je remercie d'avance Messieurs les éleveurs français, en particulier M. Bertin, secrétaire du Syndicat d'exportation de l'Elevage normand, de la façon si cordiale dont il m'a reçu et de son empressement à me montrer les belles prairies normandes et les principales fermes de la région de Caen.

DE L'AMÉLIORATION DES RACES BOVINES INDIGÈNES

par l'importation

de Reproducteurs français en Colombie

CHAPITRE PREMIER

La Colombie

En France, comme à l'étranger, on connaît mal, ou peu, ce pays, un des plus beaux et des plus fertiles de l'Amérique du Sud.

La Colombie est la partie du territoire située au Nord-Est de l'Amérique du Sud, sous le Tropique du Capricorne, du 5° 8 de latitude Sud au 12° 25 de latitude Nord, et du 8° 4 de longitude Est du méridien de Bogota au 8° 46 de longitude Ouest. Elle est comprise entre la mer des Antilles au Nord, l'Océan Pacifique à l'Ouest et les Républiques d'Equateur, Pérou, Brésil et Venezuela. Enfin, dernièrement, elle est limitée au Nord-Ouest par la nouvelle République de Panama qui, en 1903, à la suite d'incidents fâcheux et inoubliables pour les Colombiens, a proclamé son indépendance.

La Colombie possède sur l'Atlantique 1.660 kilomètres

de côtes et 1 500 sur le Pacifique, sur la mer des Antilles d'importantes baies qui sont de l'Est à l'Ouest : Bahia-Honda, Portelé, Galera-Zamba et Cartagena ; dans la côte occidentale : Octavia, Cupica, Solano, Coqui, Málaga, Buenaventura et Tumaco.

§ 1. — Division territoriale

Il paraît utile de faire aux éleveurs français un tableau du territoire colombien. Il se divise en 14 départements, 3 intendances nationales et 6 commissariats spéciaux.

Départements	Etendue Kms 2	Habitants	Capitales	N° Habit.
Antioquia	64.800	1.017.525	Medellín	120.345
Atlantico	3.070	240.977	Barranquilla ...	139.491
Bolivar	60.450	650.861	Cartagena	86.467
Boyacà	71.725	950.264	Tunja	15.927
Cauca	28.065	332.585	Popayan	30.625
Caldas	14.035	656.709	Manizales	85.203
Cundinamarca	22.300	1.048.785	Bogotà	235.421
Huila	26.925	182.797	Neiva	25.057
Magdalena	56.710	293.436	Santamarta	22.067
Narino	31.235	406.370	Pasto	40.304
Santander del Norte.	23.925	330.489	Cucuta	350.324
Santander	28.920	604.037	Bucaramanga ..	44.427
Tolima	23.560	442.051	Ibagué	53.664
Valle del Cauca......	20.620	526.661	Cali	124.857
Intendances.				
Del Choco...........	48.275		Quibdio.	
Meta	84.040		Villavicencio.	
San Andrès y Providentia	55	309.443	San Andrès.	
Commissariats.				
Coajira	11.875		San Antonio.	
Arauca	35.290		Arauca.	
Caquetà	239.920		Florencia.	
Putumayo	119.960		Mocoa.	
Vaupès	168.660		Calamar.	
Vichada	98.990		Egua.	
	1.283.405	7.992.990		

Comme on voit, la superficie totale du territoire est de 1.283.405 kilomètres carrés, ce qui équivaut à la superficie totalisée de l'Espagne, la France et l'Italie. Malgré l'énorme immigration européenne si favorable au Brésil et à l'Argentine, la Colombie occupe le troisième rang comme population en Amérique du Sud avec 7.992.990 habitants et une proportion par kilomètre carré de 6, alors que la proportion de la France, seule, est de 32 habitants par kilomètre carré.

§ 2. — Climat

La Colombie doit à sa situation tropicale de n'avoir, à proprement parler, pas de changement de saisons ; le printemps y est continu avec, chaque trois mois, une petite période de pluies. Si, dans la seule région du Choco, les pluies sont continues, cela est dû à la facilité d'évaporation des eaux ainsi qu'à la présence des forêts qui favorisent la condensation des nuages et brisent la force des vents.

Dans les terrains chauds et humides, les tempêtes sont fréquentes et déterminent des changements très sensibles de température

On peut classer les climats comme suit, selon la température et l'altitude :

Ardent ou tropical	40° à 28°
Sub-tropical	28° à 22°
Moyen, tempéré	22° à 15°
Froid	15° à 5°

et même moins sur les hautes montagnes et dans les régions couvertes par une neige perpétuelle.

On divise le territoire de la Colombie suivant les climats, comme suit :

Neiges perpétuelles	7.000 kil. carrés.	
Paramos	38.000	—
Froide	106.000	—
Tempérée	140.000	—
Chaude	990.000	—

Les régions des *Paramos* sont formées par des montagnes élevées, couvertes de neige ; la végétation y est pauvre. Elles descendent jusqu'à 3.000 mètres d'altitude.

Jusqu'à 2.400 mètres, on trouve la région froide, composée, en général, de grands rochers qui forment des terrains plats, des vallées, des forêts et des terrains fertiles.

Jusqu'à 900 mètres est la région dite *tempérée*, très fertile, riche en eau, avec des écarts très sensibles de température entre le jour et la nuit.

En dessous de 900 mètres est la région à climat ardent.

Comme on le voit, la diversité de climats est telle qu'on peut dire, avec le savant naturaliste Caldas, un de nos nombreux martyrs de l'Indépendance :

« Avec le thermomètre, le baromètre et l'hygromètre sous la main, et en remontant de la base au sommet de nos chaînes de montagnes, l'homme peut s'établir et choisir le lieu qui lui convient le plus, depuis la chaleur torride jusqu'au froid des neiges perpétuelles, selon la pression et le degré d'humidité dont ses organes ont besoin et selon *la nature des cultures qu'il désire entreprendre* ».

§ 3. — Orographie et hydrographie

Les montagnes de Colombie dépendent, pour la plus grande partie, de la Cordillère des Andes, qui, depuis le détroit de Magellan, suit jusqu'au nord, forme les frontières de l'Argentine et du Chili, entre en Bolivie, Pérou, Equateur, Colombie et Panama.

Les Andes, en pénétrant en territoire colombien, forment un grand nœud appelé « de Los Pastos » entre la petite montagne de Hueca et le volcan de Chiles, d'où sortent deux rameaux qui suivent la direction nord-est ; le premier rameau de gauche est appelé occidental ou du Choco ; celui de droite, Cordillère centrale ou du Quindio ; de celui-ci part un troisième appelé Cordillère orientale ou de Sumapaz.

La Cordillère occidentale arrive jusqu'au Choco, où elle se fractionne en rameaux courts. La centrale traverse les départements du Cauca, Tolima et Antioquia et se termine dans les plaines de Bolivar. La Cordillère orientale croise les départements du Huila, Cundinamarca, Boyaca et Santander du Sud.

Dans le département du Magdalena s'élève une autre cordillère appelée Sierra Nevada de Santa-Marta, qui s'étend sur 16.400 kilomètres carrés et atteint insensiblement une altitude de 5.800 mètres au-dessus du niveau de la mer. C'est dans cette Sierra que naît le fleuve César, un des affluents du Magdalena qui est le plus important de la République.

§ 4. — Hydrographie

Le pays se divise en cinq régions hydrographiques, à savoir :

Première région. — C'est dans le massif central que naissent les trois artères fluviales les plus importantes du pays : les fleuves Magdalena, Cauca et Caquetà ; le premier est le principal pour la navigation à l'intérieur de la République ; il est l'axe, si l'on peut parler ainsi, de sa circulation économique ; il naît dans le *Paramo de las Papas* et parcourt du Sud au Nord les départements de Narino, Huila, Tolima, Cundinamarca, Antioquia, Santander, Bolivar et Magdalena, sur une longueur de 1.700 kilomètres, en débouchant dans la mer Caribe par ce qu'on appelle Las Bocas de Ceniza ; c'est par cette rivière, dont la beauté sauvage est admirable, que se font le transport de toutes les marchandises et l'introduction de toutes les espèces animales importées d'Europe. Vers elle rayonnent les plus importantes voies ferrées du pays telles que le chemin de fer d'Antioquia, la Dorada et Tolima. La navigation se fait par des bateaux qui partent de Barranquilla, le principal port de Colombie, jusqu'à Girardot, dans le département de Cundinamarca. La distance à parcourir est de 1.374 kilomètres ; elle se fait en huit jours si l'on remonte le courant, et en quatre à cinq jours si on le descend.

Le Cauca, qui court parallèlement au Magdalena, traverse les départements Narino, Cauca, Valle, Caldas et Antioquia sur une étendue de 900 kilomètres, est un affluent du Magdalena. Il se divise, comme son congénère, en Haut et Bas. Le Haut est navigable sur 350 kilomètres de Puerto Mallarino à la Virginia (Valle del Cauca) ; le Bas est aussi navigable sur 345 kilomètres, de Valdivia (Dép[t] d'Antioquia) jusqu'au point où il se jette dans le Magdalena.

Deuxième région, du Pacifique. — Elle est formée par les fleuves qui descendent à l'Ouest de la Cordillère Occidentale. Les plus importants, au point de vue commercial, sont le Patia et le Tallembi, qui font communiquer le département de Narino avec la mer.

Troisième région, du Caribe. — Dans cette région, le fleuve principal est l'Atrato qui traverse, du Sud au Nord, les terrains si riches du Choco, sur une longueur de 700 kilomètres dont 521 navigables depuis le Quibdo jusqu'au golfe d'Uraba.

Quatrième région, de l'Amazone. — Elle est formée par l'Amazone, limite de la frontière avec le Pérou. Ses affluents sont le Caqueta (2.200 kilomètres), le Putumayo (1.600 kilomètres), le Rio Negro ou Vaupés (2.000 kilomètres).

Cinquième région, de l'Orénoque. — Cette région comprend les eaux qui se détachent de la partie orientale de la Cordillère de Sumapaz et vont se jeter à l'Orénoque, fleuve qui touche le territoire colombien sur un parcours de 350 kilomètres, tous navigables. Les principaux affluents en Colombie sont : l'Arauca (1.000 kilomètres de cours environ, dont 650 navigables) ; le Meta, sur 1.200 kilomètres, navigable depuis Villavicencio ; le Vichada, qui traverse les plaines de *Casanare* et San-Martin, avec un cours de 700 kilomètres dont 400 navigables.

Telle est, succinctement, l'hydrographie de la Colombie.

§ 5. — Etude géologique

M. Tulio Ospina, ingénieur colombien, a fait un ouvrage, le troisième en Colombie, qui traite de cette étude. Avant lui, le baron de Humboldt et aussi M. Hermann Karslenn avaient traité sommairement cette question. Il reste beaucoup de points à élucider. J'espère que M. Ospina continue ses études si importantes et si nécessaires. Je me guide, donc, sur son ouvrage.

1° Zone de rochers granitiques et schistes cristallins. — Cette formation occupe l'axe de la Cordillère centrale et ses ramifications vont jusqu'à la *Vallée de la Magdalena*, commençant par une bande étroite au Sud, qui s'approfondit en s'élargissant jusqu'au Nord. Cependant, les rochers du Paramo del Ruiz, vers le Sud, sont couverts par des terrains volcaniques de grande fertilité. Dans ce groupe sont aussi compris les rochers de la masse centrale de la Cordillère orientale depuis Santa-Rosa (Santander) jusqu'à la Sierra Nevada de Santa-Marta. Ces rochers ne peuvent donner naissance à des terrains fertiles, car ils sont pauvres en chaux. Le blé et le maïs y sont cultivés, mais les récoltes sont plutôt médiocres.

Les alluvions formées dans les vallées de la zone granitique et cristalline, comme celles du Magdalena, sont constituées par des terrains de grande fertilité, car les éléments des rochers y sont très homogènes.

2° Zone de schistes non cristallins et de sables feldspathiques. — Elle comprend toute la Cordillère occidentale et la partie Ouest de la Cordillère centrale. Elle est formée par des terrains calcaires très fertiles dans lesquels on cultive une grande variété de produits agricoles dont les principaux sont le café, le maïs, et des prés naturels et artificiels dont il sera parlé dans la flore.

3° Zone arenifère, marnes et argiles crétacées. — La zone crétacée occupe toute la masse de la Cordillère orientale non occupée par les rochers granitiques, depuis son origine jusqu'au centre du département de Santander, et depuis le département de Bolivar à travers le lit du Cauca, jusqu'à Cali. Ces terrains sont d'excellente qualité ; on y produit toutes les cultures naturelles des différents climats, parmi lesquelles on compte la canne à sucre.

4° Zone des terrains tertiaires et quaternaires. — Elle est formée par toutes les régions non comprises parmi les zones précédentes et la région volcanique située entre les volcans de Cumbal, Asufral, Pasto, Purace, Huila et Ruiz. Cette zone est constituée par des terrains extraordinairement fertiles, car elle est composée d'argiles, marnes et alluvions dont la composition est très variée. Parmi les cultures, on cite : le cacao, le caoutchouc, le tabac, et les prairies de Para et Guinea qui sont les principales.

§ 6. — Flore

La Colombie, comme le disait un de nos plus grands hommes d'Etat, « possèden toutes les plantes tropicales des climats chauds et celles climats tempérés qui exigent des températures modérées et froides ». On trouve, par exemple, dans la Goagira, des arbustes épineux et des cactus qui laissent voir le sable qui les nourrit ; à Chiriguanà, des hautes graminées et des agaves à feuilles piquantes ; au Tolima, le sol est parfois à peine couvert de graminées très petites, parfois celles-ci sont dans toute leur vigueur et très

grandes. Dans les plaines herbacées par excellence de los Llanos, il y a, de-ci de-là, des groupes imposants de palmiers ou des forêts de feuille dure mauvaise pour le bétail. Dans les plaines de Bolivar et du haut Magdalena abondent toutes les classes de graminées. Dans la vallée d'Upar se trouve un sol semblable à celui du désert du Sahara avec cactus, épines et arenales. La Cordillère des Andes est caractérisée par un groupe spécial d'ombellifères, les « Azorella ». Les vallées des Andes sont couvertes de fleurs très diverses et de pâturages très fertiles. Dans le Choco, terrain humide par excellence, la végétation cryptogamique est prédominante.

Pour la considérer dans son ensemble, on a divisé la Flore colombienne en zones selon l'altitude du terrain. C'est ainsi qu'on trouve :

De 0 à 1.000 mètres : surtout des palmiers ; dans les côtes humides et basses, Rhysopora mangle ou Mangle ; dans les plaines ardentes et pierreuses, Dolicarpios nitidus.

Dans les terrains chauds, surtout dans la région du Tolima, Cissampelos Caapeba, connu en espagnol sous le nom vulgaire de « chaparral » ou chaparro.

Des malvacées.

Des mimosées sensitives.

Des cactacées (surtout dans le département de Santander).

Des Anacardiacées dont le type est le manguier d'Inde ou « mango ».

Différentes espèces de graminées, dont la principale est la canne à sucre.

Des Broméliacées ou Ananas.

Des Musacées ou Bananiers, etc , etc.

De 3.000 à 4.000 mètres, région des Paramos : région divisée en *Frigida et Paramo* proprement dit :

Poa compressa.

Boa bulbosa

Bromus Erectus.

Avena Flavescens, etc.

Quelques légumineuses.

Des plantes médicinales : les valérianes ; Valeriana Arctioides, qui croît à une altitude de 3.700 mètres ; Valeriana Alypifolia H. B. C, originaire des Andes colombiennes (Petit Mengin).

A 4.000 mètres de hauteur se trouvent les « Pajonales » formés par differents genres de graminées : *Avena Panicum, Dactylis, Agrostis,* etc.

Après 4.000 mètres, toutes les Phanérogames ont à peu près disparu, et il ne reste que des vestiges de quelques lichens et autres cryptogames.

Comme on peut bien le supposer, il y a dans chacune de ces zones une telle diversité de plantes que l'étude d'une seule famille occuperait un volume entier.

§ 7. — Productions animales

L'élevage et l'amélioration du bétail offrent en Colombie une grande perspective pour l'avenir, car le climat et les conditions favorables du terrain, composé en grande partie d'excellentes prairies naturelles, sont des adjuvants très importants. Ainsi, on peut bien constater qu'à peu près toutes les races étrangères importées des autres pays ont conservé le maximum d'aptitudes primitives.

§ 8. — Cheptel

On calcule aujourd'hui que le cheptel vif de Colombie est ainsi composé :

Espèce	chevaline	1.000.000	de têtes.
—	mulassière	500.000	—
—	asine	300.000	—
—	bovine	8.000.000	—
—	ovine	500.000	—
—	caprine	515.000	—

Ce cheptel est réparti dans différentes zones, à savoir :

A) *La zone des Côtes atlantiques*, formée par les plaines d'Ayapel Urabà jusqu'à la Péninsule de la Goajira, sur une étendue de 1.600 kilomètres. Cette zone est une des plus importantes, car elle est près de la mer et, en outre, jouit des facilités de communications fluviales et terrestres.

B) *Zone formée par les vallées où passe le Magdalena, le César, le Lebrija et le Sogamoso*, très propice à l'élevage, n'atteint pas le vingtième de ce qu'elle pourrait avoir comme bétail.

C) *La zone du Pacifique* (Dpts de Narino, Cauca, Valle et Antioquia) offre un grand champ d'action pour l'élevage.

D) *La zone de Cundinamarca, Boyaca, Santander*, et spécialement les belles savanes de Bogotà, Ubatè, Chiquinquirà et Sogamoso composées par des prairies où abondent la luzerne, les différents trèfles, et une grande variété de graminées, sont des terrains très riches, comparables, comme je le dirai par ailleurs, à ceux de la belle Normandie , a été peuplée par des races étrangères, parmi lesquelles, après de longues observations transmises par les éleveurs, ce sont les normandes qui ont primé.

E) *La zone formée par les Savanes de Casanare et de San Martin.*

Dans ces savanes pâturent plus de cent mille bovins, mais on a calculé qu'elle pouvait contenir jusqu'à dix millions de têtes. Le bétail qui habite cette zone est plutôt mal entretenu par les éleveurs, ce qui fait qu'il est petit, mais très fort, car il est toujours en liberté.

Si l'on comparait l'étendue territoriale propre à l'élevage avec le nombre de bétail existant, on verrait que les terrains propres à cet élevage sont de plus de 500.000 kilomètres carrés, dans lesquels on pourrait élever au moins 60 millions de têtes. Et nous n'avons que 15 millions de têtes en comptant toutes les espèces.

Que peut-on faire pour remédier à cet état de choses?

D'abord intensifier l'élevage ; ensuite améliorer les races indigènes par l'introduction d'un sang nouveau à caractère dominant, c'est le croisement.

Etudions, tout d'abord, l'habitat et les caractères des races françaises qui nous semblent les plus aptes pour la Colombie.

CHAPITRE II

Habitat de la race bovine normande

La Normandie, ou ancienne Neustrie, occupe cinq départements, à savoir : le Calvados, la Manche, l'Orne, l'Eure et la Seine-Inférieure. Toutes les régions comprises dans lesdits départements sont très favorisées pour l'entretien du bétail ; mais les plus importantes sont :

Le Cotentin, qui comprend le département de la Manche, de Valognes à la Vire, région plate, très irriguée, possédant un bétail très fort ;

La Hague, partie nord du même département, pays accidenté avec des coteaux schisteux et granitiques. Ici le bétail est plus petit que le bétail cotentin.

Le Bessin appartient aussi au Calvados. Il devient de plus en plus une région d'élevage du bétail, car la nature de son sol et celle de son sous-sol permettent sa transformation en herbages très riches comme celui de la région d'Isigny renommée pour sa production beurrière et laitière.

La Vallée d'Auge, ou Pays d'Auge, situé à l'autre extrémité du département. Le pays d'Auge est très propice à l'engraissement, car il est formé par des terrains jurassiques et crétacés très fertiles.

Le Pays de Bray, dans la Seine-Inférieure, où l'on exploite particulièrement la vache laitière, et dont l'industrie fromagère est très prospère.

Climat

Prenons comme exemple le département du Calvados, qui jouit, dans l'ensemble, d'un climat tempéré et humide ; cependant, on peut constater des différences très sensibles entre ses diverses régions :

Dans le *Bessin*, on constate des hivers humides et doux et des chaleurs tempérées pendant l'Été.

Dans le *Bocage*, les pluies sont plus abondantes que dans le Bessin. Cette différence dans le régime des pluies est constante et paraît devoir être attribuée aux différences d'altitude.

Dans *la Plaine de Caen*, la pluviosité est moindre et les extrêmes de température sont plus accentués.

Température

Les moyennes des saisons sont les suivantes (V. l'ouvrage de M. Léon Hediard sur l'*Agriculture dans le département du Calvados)* :

Printemps	Été	Automne	Hiver
9°08	16°31	10°93	4°40

C'est-à-dire un climat qui équivaut à celui des régions *moyenne, tempérée* et *froide* de Colombie.

Flore

Les prairies artificielles jouent un rôle essentiel dans la campagne de Caen. La culture de ces légumineuses se fait sur une étendue de 34.606 hectares dont 21.889 de sainfoin, 10.530 de trèfle et 2.187 de luzerne.

Il semble que la culture du sainfoin comme plante fourragère serait très utile aux éleveurs colombiens.

Pour donner plus de précision, je prends la liberté de citer l'illustre savant M. Bigot, doyen de la Faculté des Sciences de Caen :

« Le sainfoin à deux coupes caractérise la Plaine de Caen, où la première coupe est fanée et la seconde coupe pâturée au piquet par les jeunes chevaux, après la consommation de trèfle incarnat. Le sainfoin est semé dans une avoine ou une orge de printemps semée clair. Dans ces dernières années, on a observé qu'il réussit bien dans un lin. Il est, en général, conservé deux années, non comprise celle du semis.

« Certains cultivateurs ont le tort de le laisser plus longtemps ; les vieux sainfoins se dégarnissent et sont envahis peu à peu par les mauvaises herbes ; les rongeurs s'y installent et précipitent la disparition de la légumineuse. On obtient alors un fourrage peu nutritif, et le sol perd en grande partie les avantages du passage de la prairie artificielle ; les blés qui suivent souffrent de l'abondance des mauvaises productions.

« Il faudrait veiller à ne récolter la semence que sur des récoltes vigoureuses et bien garnies, à ne semer que des graines pures, exemptes en particulier de pimprenelle ;

améliorer le travail et le nettoyage des terres, généraliser la fumure phosphatée et potassique des sainfoins, détruire les rongeurs dès leur apparition. On obtiendrait ainsi, d'une façon plus générale, non seulement un rendement plus élevé, mais un fourrage vert et un foin beaucoup plus riche en principes nutritifs. »

Le fauchage est effectué partout au moyen de faucheuses mécaniques, et pour le fanage on supplée au manque de bras par l'utilisation des instruments spéciaux. Le foin est toujours bottelé dans les champs. Le fourrage sec de sainfoin, appelé simplement « foin », est vendu aux cent bottes, pesant chacune environ 6 kilos.

Le trèfle et la luzerne. — Le trèfle violet constitue la prairie artificielle dont le sol est pauvre en chaux. Quant à la luzerne, on en trouve très peu dans la région du Calvados.

CRÉATION ET ENTRETIEN DES HERBAGES

Pour entretenir les herbages, on emploie, en Normandie, des mélanges appropriés de graminées et de légumineuses, ce que l'on devrait faire aussi en Colombie en suivant l'exemple des éleveurs normands, ainsi que la destruction des mauvaises herbes qui envahiraient et déprécieraient les herbages ; en outre, les prés reçoivent périodiquement des fumiers et des composts ; dans les fumures, les scories et les superphosphates sont d'un emploi courant, ainsi que les engrais potassiques.

De la même façon que dans certaines régions de la Colombie, telles que Zipacon, Mosquera, Zipaquirà et Tausa, en pratique l'irrigation des prés où elle donne d'excellents résultats.

LES HERBAGES

Les principaux sont ceux du Pays d'Auge où l'herbe ne contient guère que des bonnes graminées et des légumineuses. On trouve du pâturin et du trèfle blanc en très abondante quantité.

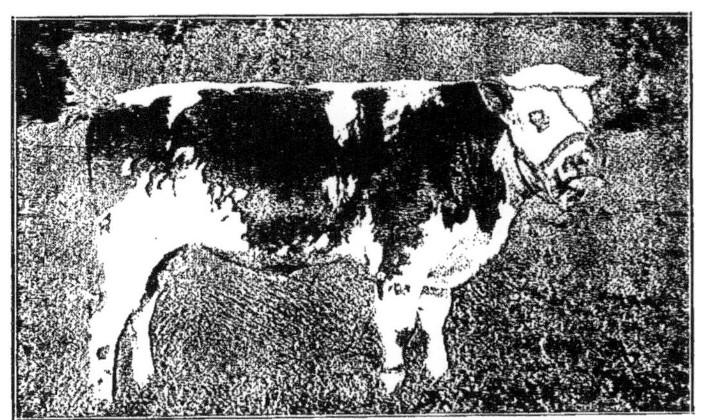

AUSTRAL, jeune taureau normand, appartenant à Mme veuve Debrix, à Mont-Surville

BUFFALO, taureau normand (1er prix, à Paris, 1928). Appartient à M. Fautrat, à Néville (Manche).

Anémone, jeune vache normande ayant remporté les championnats laitier et beurrier à Paris, 1928.
Appartient à MM. Lavoinne frères, au Bosc-aux-Moines (Seine-Inférieure).

Princesse, 1er prix des amouillantes, à Saint-Lô, 1928.
Appartient à M. André fils, à Gourfaleur (Manche).

CHAPITRE III

Le bétail normand

Race de grande taille ; extrêmement rustique et remarquable par sa triple aptitude à la production du beurre, du lait et de la viande ; ensemble de qualités très développées qui en font une race de premier ordre.

La robe est variée, mais, en général, caractérisée par des rayures et des zébrures brun foncé, pelage bringé ; elle varie du bringé au caille blond en donnant, selon la nuance au fond de la robe et le dosage du blanc, des robes dites « bringé foncé » « bringé blond », « caille bringé » et « caille blond ». Un certain nombre de sujets, dont le fond de la robe est blanc, ont un pelage tacheté de tigrures ou de mouchetures ; la tête, le ventre et les extrémités sont généralement blancs.

La conformation est régulière, la tête expressive et à profil concave, porte des cornes fines, blanches ou jaunes, à section arrondie, recourbées en avant ; le front est large et légèrement déprimé, les yeux gros et saillants bordés d'obscur, ce qui fait dire que les animaux ont des lunettes (les animaux qui ont cette particularité sont recherchés par nos éleveurs, car ils croient qu'ils sont moins sujets aux ophtalmies causées par la réverbération du soleil dans les pays tropicaux) ;

les sus-nasaux sont droits et soudés en voûte, le mufle gros et retroussé, la face ni trop longue, ni trop courte et légèrement déprimée sur les côtés, la gorge dégagée, l'encolure moyenne et sans fanon, la ligne du dos rectiligne et horizontale, la poitrine bien développée, le garrot et les hanches larges, la culotte assez fournie et les cuisses bien descendues, « le tout formant un ensemble présentant un cachet de distinction bien caractérisée ». La peau d'épaisseur moyenne est souple et moelleuse, l'appareil mammaire est bien développé et recouvert d'une peau fine et onctueuse laissant paraître à la surface des veines fortes et sinueuses.

APTITUDES

Comme on l'a dit au commencement, la race normande possède l'aptitude à la production de la viande et du lait.

Production laitière

Les Syndicats de contrôle donnent les résultats suivants :

En Normandie :

	Nombre d'éleveurs contrôlés.	Nombre de vaches en contrôle.	Nombre de vaches déjà contrôlées.
Calvados	110	1.759	11.692
Manche	119	1.269	5.239
Eure	45	400	2.750
Orne	12	65	282
Seine-Inférieure ...	78	917	7.228

Les statistiques communiquées par les syndicats à l'Association du Herd Book Normand font ressortir les moyennes approximatives suivantes, pour l'ensemble de vaches n'ayant plus les dents de lait qui ont été contrôlées et pour la lactation de 300 jours.

Le rendement de	3.000 kilos	fut atteint	ou dépassé dans	71 cas	sur 100.
—	4.000 —	—	—	29 —	—
—	5.000 —	—	—	6 —	—
—	6.000 —	—	—	1 —	—

Production du beurre

Le rendement de	150 kilos	fut atteint	ou dépassé dans	69 cas	sur 100.
—	200 —	—	—	28 —	—
—	250 —	—	—	6 —	—
—	300 —	—	—	1 —	—

Ces moyennes sont fortement dépassées dans certains syndicats.

Production de la viande

Le professeur Dechambre, dans son important ouvrage de Zootechnie, donne comme rendement le chiffre de 52 à 56 %.

On remarque, après avoir donné un coup d'œil sur les statistiques ci-dessus :

A) Que presque la généralité des élevages est soumise au contrôle laitier et beurrier ;

B) Que les éleveurs normands attachent une importance toute particulière au perfectionnement des aptitudes, associé à l'amélioration des formes et à l'unification du type bovin ;

C) Que le minimum de production laitière est de 10 litres par jour avec un minimum de production du beurre d'un demi-kilogramme par jour. Si on réfléchit, et que l'on se transporte en Colombie où une des meilleures vaches laitières donne en moyenne sept litres de lait par jour et une moyenne de matière grasse d'une demi-livre par jour, on finit par reconnaître ou que l'on n'y fait pas d'une façon raisonnée l'exploitation laitière, ou que les animaux n'ont pas les caractères laitiers et beurriers suffisants, ou que le terrain n'est pas propre à cette exploitation.

Dans la première hypothèse, il y a quelque chose de vrai : la Colombie est un pays neuf qui, malgré son effort pour être au courant des dernières données scientifiques, n'a pas les moyens financiers d'envoyer au dehors des commissions vétérinaires et zootechniques ; dans les autres branches, telles que la Médecine, le Droit, le Commerce, etc., la Colombie a été et sera toujours le porte-étendard de l'Amérique du Sud. Ce n'est pas ici le lieu de reprocher à l'Etat colombien d'être plus bienveillant pour les autres sciences que la Vétérinaire ; mais certainement, en s'arrangeant bien, celle-ci pourrait aussi profiter des avantages faits à ses sœurs, d'autant plus qu'elle rendrait à l'Etat avec largesse, et sous forme de progrès et de richesse stable, le petit effort qu'on ferait pour elle.

La deuxième hypothèse ne se discute même pas : les animaux en Colombie n'ont pas les caractères laitiers suffisants ; avec une amélioration par le croisement on arriverait à élever de plus de 10 litres la moyenne de production laitière d'une vache par jour. Déjà, avec l'introduction de quelques spécimens de taureaux de la race Normande, cette amélioration s'est fait sentir, mais malheureusement dans un cercle trop restreint.

Notre terrain, sans nous flatter, dans certaines régions de

Cundinamarca telles qu'Ubaté, Zipaquira et dans d'autres du département du Magdalena est d'une fertilité semblable à celui des meilleures pâtures de Normandie, et parfois même plus fertile.

En résumé, que devons-nous faire pour arriver à pousser notre bétail à une production plus intense ?

Pour le moment, retenons deux choses : Améliorons notre race bovine ; modernisons nos méthodes. C'est-à-dire faisons un élevage et une sélection scientifiques.

LE « HERD BOOK » NORMAND

Le Herd Book n'est autre chose que le livre généalogique d'une race bovine. Une commission d'éleveurs et de zootechniciens fixe les caractères les mieux définis d'une race et détermine les conditions imposées pour l'admission d'un animal au livre généalogique créé à cet effet. C'est le « Herd Book ». L'association du Herd Book normand fut fondée en 1884. Les buts poursuivis par cette Association sont les suivants :

a) Maintenir par sélection la pureté de la Race Normande ;

b) Contribuer à l'amélioration de ses aptitudes : production du lait, du beurre et de la viande ;

c) Favoriser la propagation des meilleurs reproducteurs en France et à l'Etranger.

Le siège de cette association est à Caen.

Les inscriptions au « Herd Book » sont décidées en tenant compte pour chaque sujet :

De sa pureté de race ;

De sa conformation ;

De ses aptitudes et de son ascendance.

L'inscription n'est accordée que pour les animaux qui méritent au moins 65 % (non compris les points supplémentaires, ascendance et rendement contrôlé) du maximum de points attribués aux reproducteurs de race normande selon les tables de pointage du Professeur Dechambre, dont voici un bref résumé :

Pour la connaissance précise des qualités individuelles d'un sujet, on utilise la méthode des points, notation chiffrée qui conduit à une appréciation mathématiquement exacte de l'objet examiné. Elle a sur les autres méthodes l'avantage de la précision, car les autres n'apportent qu'une impression d'ensemble en classant l'animal comme *bon*, *très bon*, *ou passable*, ce qui est plutôt vague. La méthode Dechambre donne au juge la liste des caractères qu'il doit examiner et, en face de ces caractères, le juge établit une note exprimant son opinion, note qui est comprise entre les chiffres 0 et 10. Les notes sont multipliées par le coefficient correspondant établi dans les tables de pointage. Le total de ces notes donne la mesure de la valeur de l'animal. L'auteur admet que le maximum, au total 100, représente la perfection absolue. En outre, si la notation attribuée à un caractère est inférieure à 4, l'animal sera éliminé.

TABLES DE POINTAGE

Les tables de pointage applicables à l'examen des caractères extérieurs présentés par les animaux ont été arrêtées ainsi :

Pour les femelles :

	Coefficient
Pureté de race	3
Conformation	3
Finesse	1
Mamelle et signes laitiers	3
	10

Pour les taureaux :

Pureté de race	3
Conformation et développement	3
Finesse	2
Signes laitiers	2
	10

POINTS SUPPLÉMENTAIRES

Ascendance. — On ajoute à l'animal le 1/20 des points obtenus pour chacun de ses parents immédiats.

Descendance. — Quelle que soit la valeur des descendants, l'animal ne reçoit qu'une note unique comprise entre 0 et 5.

Rendement contrôlé. — Pour le lait, il est attribué à l'animal un point pour 100 litres de lait ; pour le beurre, un point pour 50 kilos.

En voici un exemple :

Vache.

	Note		Coefficient		Total
Pureté de race	7	×	3	=	21
Conformation et développement	4	×	3	=	12
Finesse	7	×	1	=	7
Mamelle et signes laitiers	7	×	3	=	21
					61

Cette vache ne sera pas inscrite au Herd Book pour deux raisons : 1° parce qu'elle a eu une note éliminatoire pour la conformation et pour le développement ; 2° parce qu'elle n'a pas *obtenu au moins* 65 points. Si la note attribuée à la conformation et au développement avait été le chiffre 5, nous aurions :

Pureté de race............................	7 × 3 = 21
Conformation et développement............	5 × 3 = 15
Finesse	7 × 1 = 7
Mamelle et signes laitiers................	7 × 3 = 21
	64

Cette vache ne serait, non plus, admise au Herd Book puisqu'elle n'a pas atteint *au moins* 65 points.

LIVRE D'ÉLITE

Pour obéir aux stipulations de l'article 10 du Règlement d'organisation technique du « Herd Book » Normand, l'Association du Herd Book Normand s'est réunie en Assemblée générale à Caen, le 31 août 1929, dans le but de mettre au point diverses questions relatives à l'ouverture du Livre d'Élite, de la plus grande importance pour l'avenir de la race bovine normande. On a défini les conditions d'admission à ce livre. Ce sont les suivantes :

Livre d'Élite femelle. — 1° Être à gros rendement (200 kilos de beurre en 10 mois pour les adultes et 180 kilos pour les vaches à dents de lait) ; 2° Avoir obtenu au moins 80 points, soit directement par la table du Professeur Dechambre, soit au moyen de points supplémentaires d'ascendance ou de descendance, à condition, dans ces cas, que la note primitive de pointage soit, au moins, 75 points.

Livre d'Élite mâle. — 1° Avoir parmi ses sœurs de père et ses filles au moins six femelles à gros rendement ; 2° Avoir obtenu au moins 80 points suivant les mêmes règlés que pour les femelles.

Taureaux recommandés. — 1° Être fils d'une vache à gros rendement ; 2° Mêmes conditions de pointage que pour le Livre d'Élite.

La décision prise par l'Assemblée aura pour résultat d'accroître, au point de vue pratique et commercial, les débouchés en France et à l'Etranger, et constituera encore un nouveau facteur d'amélioration bien estimable pour tous.

LES FERMES DE NORMANDIE

En général, les fermes de Normandie sont soit dans une agglomération, soit au milieu des champs. Les bâtiments sont rassemblés et disposés en quadrilatère autour d'une cour suffisamment vaste pour permettre les évolutions des attelages et contenir le fumier. Quelquefois il y a en outre deux ou trois cours, dont une à bestiaux. Les murs sont en moellon de Caen, les couvertures anciennes en chaume qui est de moins en moins employé. On utilise souvent l'ardoise pour les bâtiments principaux et la tuile mécanique pour les constructions secondaires. La maison d'habitation est située soit à côté, soit au fond de la cour au Sud, au Sud-Est ou au Sud-Ouest.

La cuisine fait aussi l'office de réfectoire pour le personnel, elle est très vaste. Il y a, à côté, la salle à manger du fermier, spacieuse, accompagnée d'une petite pièce communiquante qui sert de salle ou de bureau. En outre, il y a des locaux très vastes pour la manipulation du lait. Au premier étage de la maison sont les chambres. Il est surmonté des greniers.

Les écuries sont grandes, bien aménagées, de même que les vacheries. Au-dessus du logement du bétail sont les greniers à grains et les fenils.

Les fumiers sont disposés en fosses peu accusées, protégées contre les eaux pluviales par un dispositif ad hoc. L'eau potable est fournie par des puits assez profonds.

Les herbages sont clos par des murs, des haies d'épines, ou des poteaux en bois ou en ciment qui, bien entretenus, charment la vue.

Quelques fermes de la Plaine de Caen retiennent particulièrement l'attention.

A Éterville, à quelques kilomètres de Caen, se développe sur 138 hectares la ferme de M. Terrée. L'élément le plus important de cette ferme est la culture ; mais M. Terrée se livre aussi à l'élevage des chevaux et des bovidés. La cavalerie se compose de 40 têtes. Cette cavalerie consomme surtout du sainfoin dans le jeune âge. Ce n'est qu'à partir de trois ans qu'elle consomme de l'avoine, soit pour le travail, soit pour la préparation à la vente.

La vacherie, si elle n'a pas l'importance numérique des fermes colombiennes, en a l'importance qualitative. Elle comprend 70 têtes d'animaux de tout âge, dont une trentaine de vaches laitières ; tout ce bétail est nourri, l'hiver, à l'aide de fourrages et des racines récoltées sur la ferme. Pendant la belle saison, le bétail trouve sa nourriture dans les 50 hectares de prairies que comporte la ferme.

Un taureau inscrit au Herd Book assure l'amélioration du bétail.

La ferme et le Domaine des héritiers de M. le baron Gérard, à Maisons, est une superbe exploitation, construite et administrée d'une façon digne d'éloges.

Ce qui est le plus remarquable dans ce domaine est la vacherie normande créée, il y a plus de trente ans, et dont les héritiers se sont appliqués à maintenir les précieuses qualités de la race qui fait sa renommée en France et à l'Etranger.

Le troupeau des vaches laitières se compose de 60 vaches en âge de produire, de 20 génisses de moins de 6 mois, de 11 génisses de 11 à 18 mois, de 12 génisses de 2 ans ; enfin, trois taureaux en service et dix jeunes taureaux d'élevage complètent ce bel ensemble qui constitue pour les régions du voisinage et pour l'Etranger un élément d'amélioration.

LES MARCHÉS

Le commerce des bestiaux est très actif, surtout dans le département du Calvados ; c'est surtout dans l'Ouest que se tiennent les marchés les plus importants pour la vente des bovins de reproduction et des vaches laitières : à Bayeux, Villers-Bocage, Littry-la-Mine, Vire, etc.

Les foires, nombreuses dans le Calvados, sont, comme les foires colombiennes, d'une grande importance au point de vue transactions de l'espèce bovine ; les principales sont celles de Caen, Vire, Etouvy, Bayeux, Lisieux. Un grand nombre de marchands s'y rendent ; ce sont de fins connaisseurs et ils ne sont dépassés nulle part dans l'art de choisir les meilleures laitières.

EXPORTATION

Le Calvados fournit un grand nombre de reproducteurs pour les pays étrangers. Cette exportation se fait sous le contrôle du Herd Book. Le développement de ce commerce a été un des premiers buts de la création du Concours-Foire de Caen dont M. Bertin, l'actif secrétaire, a été l'un des principaux fondateurs.

Doucette, vache charolaise, 1er prix, à Paris, 1928.
Appartient à M. Friand.

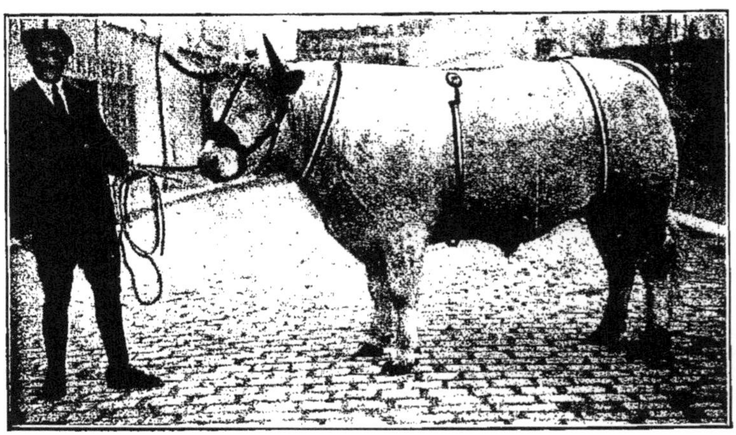

Bœuf charolais de trois ans et six mois, prix d'honneur des animaux gras, Paris, 1928 (1.025 kil.).
Appartient à M. Gauthier, à la Pacaudière (Loire).

Bœufs charolais, 1er prix d'ensemble, à Varennes, en 1928.
Appartient à MM. de Vaulx et Charosse.

Génisse charolaise grasse, appartenant à M. Dodat,
à La Ferté-Hauterive (Allier).

CHAPITRE IV

La race bovine charolaise

Parmi les races bovines françaises, la race charolaise tient une place d'honneur, car elle est une des plus importantes et des plus remarquables.

Originaire du Charolais, qui correspond à la partie du département de Saône-et-Loire (arrondissement de Charolles), cette race s'est implantée dès le XVIIIe siècle dans le Nivernais, où elle a été l'objet de sélections nombreuses qui ont abouti au Charolais actuel.

Cette race s'est répandue dans toutes les régions de la France et des Colonies avec une facilité d'adaptation telle qu'elle a attiré, dans ces derniers temps, l'attention des éleveurs de l'Amérique du Sud, en particulier du Brésil et de l'Australie où, selon des communiqués qui ne laissent aucun doute, on a observé la résistance particulière aux hypodermes et aux tiques.

Parmi ces communiqués, M. Mario d'Oleivera a donné d'intéressants détails dans le n° 9 de juin 1922 de la « Revue Zootechnique ». Il écrit, notamment :

« Les éleveurs ont observé depuis longtemps que les bovins à robe noire étaient plus fréquemment parasités que les autres ; ce fait pratique, inexplicable et cependant réel, milite en faveur de la race française charolaise dans les troupeaux brésiliens. »

Les éleveurs colombiens, eux aussi, ont fait des demandes sinon aussi importantes que celles du Brésil, au moins suffisantes pour se rendre compte, et étudier expérimentalement la possibilité d'adaptation de cette race qui a si bien réussi ailleurs. On a essayé, tout d'abord, le croisement qui, paraît-il, a donné d'excellents résultats, avec les vaches de l'espèce « orejinegro » (à oreilles noires) originaire d'Antioquia. Voici, d'ailleurs, une lettre adressée par M. Ciro Medina Garcès, secrétaire des Industries, au Syndicat de l'Exportation du bétail Charolais :

« Vos animaux, dit-il, sont arrivés en magnifique condition au port de Buenaventura. Nous attendions certainement de bien beaux exemplaires, mais je vous assure que toutes nos espérances ont été dépassées dès le premier coup d'œil. Je ne saurais assez vous remercier de cet envoi.

« Les animaux, à leur arrivée à Cali, ont été visités par une foule d'éleveurs, qui, sans exagérer en rien, ont été d'accord que ce sont les plus beaux animaux introduits en Colombie.

« Deux jours après, les animaux sont arrivés dans les fermes ; à part un peu de fièvre, due à la piroplasmose (?) à laquelle ils se sont montrés très résistants, aucun symptôme de malaise n'a été noté.

« En vue des conditions spéciales de l'élevage dans la Valle del Cauca, je suis persuadé que les meilleurs résultats seront obtenus avec des animaux de dix à douze mois élevés au pâturage. »

Six mois après, une nouvelle lettre :

« Aucune exagération ne se trouve dans ma précédente lettre. C'est le témoignage le plus sincère que, comme éleveur et homme d'affaires, je me suis senti obligé de vous faire.

« Pour ne pas répéter ce qui a été dit, j'ajouterai seulement que les animaux continuent à être superbes, très bien portants, éveillés, très exécutifs, en même temps que très dociles ; ils se sont très bien faits à leur nouveau régime alimentaire dans lequel nous avons fait intervenir peu à peu une plus grande somme d'herbage naturel. »

CARACTÈRES DE LA RACE

En dehors de la robe blanche ou froment clair, les caractères de cette race sont les suivants :

Tête petite, courte, front large plat ou à peine concave, le chignon est rectiligne, à chanfrein droit et court, les cornes sont relativement rondes, blanches, allongées. Les oreilles sont moyennes, minces et peu garnies de poils ; les yeux sont grands, saillants ; les joues fortes ; le mufle large non pigmenté, l'encolure relativement courte et peu chargée de fanons ; la poitrine profonde, la côte ronde confondue avec l'épaule, le dos bien horizontal, très musclé ; le rein est large et épais ; les hanches sont effacées, mais d'une largeur remarquable ; la culotte rebondie et très descendue, la queue est sans saillie trop prononcée, effilée, large à la base, terminée par une touffe de crins très fins. Les membres sont courts et bien d'aplomb, sans excès de finesse. La peau est d'épaisseur moyenne, mais souple ; dans son ensemble, « un animal infiniment harmonieux dans la masse, soit au repos, soit en mouvement, harmonie qui est réalisée par l'admirable équilibre entre toutes les parties du corps, des lignes générales douces à l'œil, des masses musculaires bien placées et bien proportionnées, un air de grande douceur et de force tranquille. »

APTITUDES ÉCONOMIQUES PRÉDOMINANTES

1° La production de la viande, et 2° l'utilisation au travail moteur.

Production de la viande. — Le charolais est avant tout une bête de boucherie, car les éleveurs charolais ont porté toute leur activité vers la production d'animaux puissants présentant une conformation régulière qui assure le maximum de viande et de sa valeur la plus élevée, en même temps qu'ils ont cherché à développer la précocité et la finesse des tissus qui permet « un engraissement facile et rapide ». Le poids moyen des vaches oscille entre 700 et 800 kilogrammes et celui des taureaux adultes entre 1.000 et 1.200 kilogrammes. Le rendement moyen est de 65 %, alors que celui des Durham Manceau n'est que de 54 à 56 % et celui des Normands de 59 % à 60 %. Ainsi s'établit la supériorité des Charolais comme bêtes de boucherie.

Utilisation au travail moteur. — Mais la production de la viande n'est pas la principale aptitude du bétail charolais. Les bœufs blancs sont aussi remarquables par la production du travail, qualité qui doit attirer aussi l'attention, car, en

Colombie, les terres, en général, sont fortes, parfois en pente, exigent la traction animale, et l'élevage des chevaux de gros trait est, au point de vue économique, excessivement coûteux, étant donné que l'on n'utilise pas, comme en France, la viande chevaline pour la boucherie. L'emploi des bœufs de travail y est donc indispensable.

Le bœuf de trait charolais adulte pèse environ 850 kilos. Il est long, large, près de terre, bas sur membres, avec des belles lignes de dessous ; le dos est horizontal, les reins puissants, la croupe étendue, la poitrine large et profonde, le ventre rond et plein, les épaules doivent être longues, obliques, musclées et rondes, les cornes solidement attachées et bien dirigées ; lorsqu'elles ont une tendance à s'abaisser, le bœuf ne présente pas les mêmes qualités pour le travail ; mais les éleveurs charolais font un choix des animaux qui portent ces cornes abaissées, car ils prétendent que les animaux qui ont cette particularité « regardent l'herbe » et engraissent plus facilement.

La rusticité est aussi une autre qualité remarquable du bétail charolais, rusticité due, principalement, à la vie au grand air. Les animaux charolais donneraient un bel exemple aux partisans du « naturisme » qui préconisent la vie au grand air. Quel exemple plus beau, en effet, que celui des animaux charolais si puissants, si bien portants, si résistants à toutes les maladies, et si aptes à la reproduction et à l'acclimatation ! Ils pratiquent le « naturisme » inconsciemment, et, sans tant de controverses, ils ont réussi à solutionner par eux-mêmes ce que les hommes, avec des préjugés plus ou moins subtils, discutent encore.

MÉTHODES D'ENGRAISSEMENT DU CHAROLAIS

L'engraissement du bétail charolais se fait surtout à l'herbage. C'est bien pour cela que cette race doit attirer notre attention, car dans les fermes colombiennes il est pratiquement impossible de faire l'engraissement à l'étable : elles ne possèdent ni tourteaux ni betteraves, et, même s'il y en avait, le prix de revient d'un bœuf engraissé à ce régime serait trop cher. On peut bien se rendre compte des dépenses de main-d'œuvre et d'argent pour alimenter des animaux à l'étable, surtout dans ces derniers temps où les garçons de ferme ont des prétentions de plus en plus élevées : ils veulent des journées de travail de plus en plus courtes et des salaires de plus en plus grands.

Voici quelques détails sur la façon dont on fait en Charolais l'engraissement à l'herbage ou « embouchage ».

L'herbager s'approvisionne, soit aux foires locales, soit au dehors de son arrondissement, soit chez les fermiers eux-mêmes ; ce dernier moyen a l'avantage de mettre face à face l'acheteur et le vendeur, sans recours aux intermédiaires, fléaux de toutes les transactions.

Les herbages sont divisés en « précoces » et « tardifs ». Dans les herbages précoces on met des animaux en bon état, ayant déjà des dents de remplacement, car les trop jeunes ne feraient que grandir et « prendre de l'os ». Dans les prés tardifs on met surtout des animaux jeunes, ou bien des grosses bêtes maigres.

Au point de vue qualitatif, la viande la plus appréciée est celle des animaux qui ont terminé leur croissance ou viennent de la terminer, car la chair des animaux trop jeunes manque de fermeté, de saveur et de persillé.

Les herbagers recherchent surtout des bêtes qui ont de l'aptitude particulière à l'engraissement. C'est ainsi qu'ils préfèrent des bêtes à tempérament calme sans être lymphatique ; des bêtes à squelette réduit, à cornes fines, à queue mince ; les pieds et les canons doivent être bien légers, la peau fine, onctueuse, mobile. La finesse est question purement théorique, car on sait bien que, quand les bêtes sont au pâturage depuis longtemps, la peau devient souple lorsqu'on met l'animal à la bouverie.

Etat d'embonpoint. — Les herbagers savent bien que les animaux trop maigres sont difficiles à engraisser, et « suspects », car ils peuvent être atteints d'une maladie chronique quelconque ; c'est pour cela qu'ils cherchent plutôt à acheter des animaux en bon état ou même mi-gras. Un embonpoint modéré fait voir que la bête assimile bien, car elle a profité de sa nourriture antérieure.

Etat de santé. — Il est d'une importance capitale que l'animal destiné à l'engraissement d'embouche ait une excellente santé, car une maladie quelconque retarderait son alourdissement. L'œil de l'animal bien portant est limpide, sa conjonctive est rose pâle, les oreilles et les cornes sont tièdes, le poil brillant ; on ne remarque ni jetage ni toux ; les mouvements respiratoires sont du type costo-abdominal à fréquence limitée, 15 à 18 respirations par minute ; l'urine est claire au moment de la miction ; les excréments ont une consistance pâteuse ; la température normale est de 38° à 39° 5.

Au contraire, l'animal qui est malade a les yeux creux, le regard vague, la conjonctive est pâle, d'un rouge diffus, sale ou à coloration ictérique, parfois elle est œdémateuse ; les oreilles trop chaudes ou trop froides, le mufle et la peau secs ; il y a de la dyspnée respiratoire, quelquefois on perçoit de la toux ou du jetage. La courbe thermique peut monter d'un degré et plus au-dessus de la normale.

Si la bête est bien portante, durant les premiers jours qui suivent sa mise à l'herbage elle ressent un peu le terrain, ensuite elle réactionne et devient « en état », puis en « bonne viande », et enfin commence à engraisser. On calcule en moyenne une augmentation de poids par jour de 0 kil. 500 à 3 et même 5 kilos. Les animaux restent alors de 2 à 7 mois au pâturage, selon la nature du terrain, le climat et la nature de l'animal. Les vaches, lorsqu'elles ne sont pas trop vieilles, s'engraissent plus rapidement que les bœufs adultes, surtout si elles sont châtrées. En Charolais, pour faire calmer les instincts génésiques des vaches, les herbagers introduisent dans la pâture un taureau ; ce dernier peut satisfaire jusqu'à 50 vaches. Il serait mieux de faire la neutralisation sexuelle vers 8 ans, un mois après le vêlage. On s'est abstenu jusqu'à présent, car on craignait les accidents et les complications graves. Mais ces craintes n'ont pas, aujourd'hui, raison d'être, car, avec une asepsie et une technique opératoire de plus en plus perfectionnées, on arrive à supprimer à peu près tous les accidents.

Après une période variable, comme je viens de le dire, l'animal est « gras » ; l'emboucheur apprécie alors l'état d'engraissement d'un animal par les caractères empiriques suivants : le poil se teint légèrement en jaune, le sujet transpire avec plus de fréquence, c'est pourquoi les mouches se rassemblent en quantité sur le garrot, les épaules et la base des cornes des animaux en « bon état ».

Une façon plus raisonnée d'apprécier le degré d'engraissement est celle des maniements.

Maniements. — « Il importe de toucher l'animal, de le manier dans différents points du corps et particulièrement où la graisse se dépose de préférence ; de là l'expression de « manets » ou « maniements » pour désigner les saillies plus ou moins apparentes formées sous la peau par l'accumulation de la graisse chez l'animal préparé pour la boucherie. La main sert donc à apprécier la situation, le volume, le poids, la résistance et la finesse propres à ces accumulations de graisse. » (Baillet.)

Les maniements les plus recherchés en Charolais sont : le couard (abords), situé à la base de la queue : la hampe (grasset), remplissant le pli de la peau qui va de l'articulation fémoro-tibio-rotulienne à l'abdomen ; la hanche, située au sommet de l'angle externe de la hanche ; le travers, au niveau des apophyses transverses lombaires ; la côte, au niveau de la dernière côte.

La graisse de couverture se décèle à l'aide des maniements : côte, hanches : quant à la graisse interne, elle est indiquée par le couard et la hampe.

DÉBOUCHÉS

Les principaux débouchés en France sont Lyon et Paris.

EXPORTATION DES REPRODUCTEURS

Les principaux acheteurs de bétail charolais sont l'Argentine et le Brésil.

J'espère que ce modeste résumé sur les qualités d'une race aujourd'hui universellement connue engagera les éleveurs colombiens à intensifier les demandes peu nombreuses jusqu'à présent.

CHAPITRE V

Facteurs qui aideront à l'amélioration du bétail en Colombie

1° Introduction au pays des individus susceptibles de faire un bon croisement

Cela a été déjà fait ; on a même introduit toutes les races bovines européennes, mais la pratique n'a pas donné ce qu'elle devait, car elle n'a pas été menée par des zootechniciens experts ou des vétérinaires spécialisés. Il faudra donc que le gouvernement colombien s'en occupe d'une façon sérieuse et raisonnée.

2° Choisir parmi ces améliorateurs ceux qui ont montré une facilité d'adaptation plus grande et qui ont été plus résistants aux maladies exotiques.

Nous avons fait valoir dans cette étude les qualités des races normande et charolaise, leur résistance, leurs aptitudes, leur facilité d'acclimatation, leur habitat pareil sous beaucoup des points à celui de la Colombie. Nous n'y reviendrons pas.

3° Importation de sujets jeunes

Il est démontré que plus l'individu est d'un âge avancé, moins il s'acclimate. Au contraire, les jeunes ont une facilité d'adaptation au milieu nouveau. Cette importation se ferait, à notre avis, à partir d'un an. Etant donné que ces animaux proviennent généralement d'une bonne souche et sont inscrits au Herd Book, nous ne voyons pas la raison pour attendre jusqu'à deux ans et demi que ces animaux présentent tous les caractères propres à leur race. D'ailleurs, il vaudrait mieux un animal à caractères moyens avec facilité d'acclimatation qu'un sujet de choix qui ne pourrait pas s'acclimater.

4° Amélioration du terrain et entretien des prairies

C'est un grand chapitre à aborder. On tâchera d'être le plus bref possible.

Les prairies ne doivent pas être abandonnées à la végétation spontanée, ce qu'on fait, malheureusement, en Colombie ; car, le terrain étant très riche, le cultivateur colombien se préoccupe peu de l'entretien de son champ. On fera donc :

A) Assainissement du sol. — Dans les milieux trop humides, il faudra recourir au drainage pour détruire les joncs, les laiches et les prêles, car ils se multiplient aux dépens des graminées et des légumineuses ; nous en avons vu les effets bienfaisants dans certaines fermes de Normandie.

Si les eaux stagnantes sont formées par les hauteurs avoisinantes, il suffira de créer des fossés à flanc de coteau ; on donnera à ces canaux une profondeur en rapport avec celle de la nappe d'eau et une pente dans le sens de la vallée, de façon à prendre les eaux vers l'aval.

Si le terrain est sensiblement horizontal et imperméable et si les eaux stagnantes sont formées par les pluies, on établira un drainage en règle.

L'irrigation est fréquente en Colombie dans les périodes de grande sécheresse et dans des endroits où le voisinage est pourvu d'eau. C'est une très bonne pratique.

B) Destruction des mauvaises herbes. — On doit détruire toutes nuisibles, soit par leurs propriétés délétères, soit par la saveur désagréable qu'elles communiquent au lait et au beurre, et même pour les maladies qu'elles peuvent déclencher chez les veaux. Parmi les plus abondantes nous citerons :

Aconit, qui cause parfois des empoisonnements graves ; il faudra arracher les pieds.

Ciguë, elle est nocive surtout parce qu'elle envahit énormément le terrain ; il faut arracher méthodiquement chaque plante.

Cirse anglais, très fréquent dans les terrains humides ; il faudra drainer ces terrains.

Chardons, les enlever à la pioche ou à l'échardonnette.

Rhinantis Cristagalli ou *Crête-de-Coq*. C'est une scrofulariacée qui nuit énormément aux graminées ; il faudrait arrêter son développement, même en sacrifiant une partie de la production fourragère.

Genêts, *Bruyères*, *Fougères*, le meilleur moyen pour les

*

faire disparaître sera de fournir au terrain de la chaux et des engrais phosphatés.

Mousse, elle habite surtout les lieux humides ; on peut prévenir par le drainage son invasion dans les prairies.

Patience, il faut l'enlever à la pioche.

Pédicule des marais, provoquerait l'hématurie des bovidés, selon le professeur Galtier de Lyon, théorie qui n'est pas admise par le professeur Moussu. Possédant des principes vénéneux à l'état vert, il faudra quand même l'enlever.

Renonculées, la plus à craindre, c'est la *Scelerata ;* indique des fonds humides ; donc il faudra assainir convenablement.

Rumex acetosa, se rencontrerait dans les terrains acides ; pour la faire disparaître, il faudra donc fournir de la chaux.

5° Hygiène des animaux

En Colombie, comme dans une grande partie de l'Amérique du Sud, les animaux ne sont jamais à l'étable ; la température étant toujours uniforme, les animaux restent tout le temps dehors ; on les rassemble, la nuit, dans des grandes cours ou « corralejas », pour recueillir le fumier.

La tuberculose, maladie si fréquente en Europe, est peu connue en Colombie ; généralement elle est apportée par des producteurs qui n'ont pas été dûment tuberculinés avant le départ pour la déceler. De là, la nécessité qu'il y aurait à exiger, des éleveurs vendeurs, un certificat légalisé par l'autorité compétente, certificat qui serait rédigé et signé par un vétérinaire, conçu dans ces termes, par exemple :

« Le soussigné, X..., vétérinaire à X..., certifie avoir examiné cliniquement l'animal (ici âge et description de la bête), et il déclare que l'animal ne présente aucun signe de tuberculose. En outre, il a procédé à la tuberculination, laquelle a été négative. En conséquence, il conclut que l'animal soumis à son examen n'est pas tuberculeux. Il déclare affirmer par serment la sincérité de ces opérations et conclusions. »

Il faudra que la date du certificat ne soit pas antérieure de plus de 30 jours à celle du départ.

6° Hygiène de l'alimentation

Boisson. — On sait bien, selon Cornevin, que les boissons tièdes exercent sur les individus une influence favorable, car les boissons froides prédisposent en général aux maladies des voies digestives, des reins et à des accidents de parturition (avortements). En outre, les boissons tièdes sont favorables à la sécrétion lactée et la font augmenter, selon les individus, de 1/5 à 1/20 %.

Abreuvoirs. — L'assainissement des abreuvoirs est une des choses les plus importantes à retenir. Ils seront faits dans les prairies, soit en ciment, soit en briques, soit en pierre, avec une hauteur convenable (un mètre ou un mètre cinquante) pour empêcher les animaux d'y entrer, de piétiner l'eau et de la souiller.

L'abreuvoir se remplira par le fond au moyen d'une ouverture pourvue d'une maille-filtre facile à enlever pour le nettoyage. L'eau s'écoulera par le haut au moyen d'une ouverture ou d'un canal fait dans le même abreuvoir. Il existe des systèmes d'abreuvoirs automatiques qui se répandent de plus en plus.

Nourriture. — Les tourteaux étant des aliments chers et pratiquement impossibles à administrer en Colombie, nous nous abstiendrons d'en parler.

On peut donner, c'est-à-dire on doit donner aux animaux au pâturage du chlorure de sodium qui est un excitant général de la nutrition, au moins une fois par an.

CHAPITRE VI

Syndicats d'élevage

C'est une des façons les plus louables pour réussir à l'acclimatation et à l'amélioration d'une race ; une entité seule, un individu isolé ne peuvent rien faire, tandis qu'un groupement d'individus (surtout en matière d'élevage), avec de bonnes intentions, peut et doit réussir. Nous pouvons voir l'exemple de la France qui, grâce aux syndicats, a amélioré son bétail et augmenté sa production.

Pour encourager l'introduction du bétail de pur sang, le Gouvernement colombien rembourse à l'importateur de ce bétail le tiers de sa valeur, remboursement qui est variable selon les départements. Par exemple, le département de Caldas va jusqu'à rembourser les 60 % du prix de revient, sans que ce chiffre dépasse 10.000 francs. Les chemins de fer colombiens en font le transport franc jusqu'à sa destination.

Cela est très louable de la part du Gouvernement Colombien, mais on peut faire quelques observations à ce sujet :

a) Tout d'abord, la collectivité n'en profite pas énormément puisque ce sont seulement certains privilégiés qui peuvent, selon leurs moyens, faire le coûteux effort de l'importation.

b) Ces privilégiés ne désirent, en principe, que l'amélioration de leur propre bétail et feront peu pour contribuer à ce que le professeur Dechambre a appelé « la tache d'huile ».

c) Ces acheteurs isolés ne sont pas conseillés par des experts zootechniciens qui leur feront valoir les raisons scientifiques pour l'achat, le transport et l'entretien des espèces importées.

d) Ils ne voudront pas acheter une forte quantité d'améliorateurs, car ils n'auront aucune raison pour importer dans leur ferme un nombre élevé de reproducteurs ; ils se contenteront de l'achat d'un taureau ou d'une génisse qui aboutira, peut-être, à l'amélioration du bétail de leur ferme, mais qui restera sans effet sur le restant de la race indigène tout entière.

Pour toutes ces raisons, nous conseillons les Syndicats d'élevage qui ont pour objet de :

a) *S'occuper de l'amélioration par le choix des reproducteurs à l'Extérieur ;*

b) *La mise des reproducteurs à la disposition de tous les éleveurs.* — Il en résulterait un profit pour tous les éleveurs et pour le pays en général ;

c) *Surveiller les débouchés et poursuivre l'extension.* — Les pays étrangers achètent actuellement en Colombie plus de 100.000 têtes par an. Cette exportation pourrait bien s'accroître du double si tous les éleveurs étaient syndiqués et si les syndicats ainsi formés s'unissaient étroitement pour accorder les efforts de chacun d'eux et favoriser l'exportation de leur bétail ;

d) *Etude approfondie de chaque milieu d'élevage, au point de vue de l'adaptation des races à ce milieu ;*

e) *Fondation d'un journal syndical sous la direction d'experts zootechniciens et de vétérinaires*, qui ferait connaître aux éleveurs les notions élémentaires d'hygiène, méthodes de reproduction, amendements et améliorations culturales ;

f) *Se procurer les fonds nécessaires pour établir une ferme de monte dans chaque département.*

Cette ferme serait placée tout près du lieu d'élevage le plus important. Elle aurait pour objet l'entretien des reproducteurs achetés par le Syndicat à l'Extérieur, la remonte et la sélection des produits. Ceci correspond aux vacheries pépinières qui existent en France pour plusieurs races bovines.

Les remontes se feraient sous le contrôle d'un zootechnicien ou d'un vétérinaire attaché au Syndicat. Dans cette ferme pourraient aller faire un stage les étudiants vétérinaires ;

g) *Se tenir en contact très étroit avec les organisations étrangères du même genre, afin de se procurer à meilleur prix des reproducteurs garantis d'origine et exempts de toutes maladies.*

CHAPITRE VII

Modèle de Statuts pour un Syndicat d'élevage

Ce type de Syndicat est conçu d'après le modèle officiel adopté en France.

TITRE I

Constitution du Syndicat.

Article premier. — Il est constitué, entre les éleveurs soussignés et ceux qui adhéreront aux présents statuts, un Syndicat professionnel ayant pour but l'amélioration rationnelle de la race bovine du département de Cundinamarca.

Art. 2. — Le Syndicat prendra le nom de Syndicat d'élevage de Cundinamarca. Son siège est établi à Bogota. Sa durée est limitée à cinquante ans.

Art. 3. — Pourront faire partie du Syndicat les éleveurs des autres départements de la République de Colombie qui rempliront les conditions des présents statuts.

Art. 4. — Le Syndicat fonctionnera à dater du jour du dépôt des statuts au bureau du Juge du Circuit et au Tribunal de Commerce du siège social, c'est-à-dire à Bogota, après accomplissement des formalités prescrites par la loi colombienne.

TITRE II

Composition du Syndicat.

Art. 5. — Le Syndicat se compose de membres donateurs et de membres ordinaires.

Art. 6. — Pour être admis à faire partie du Syndicat, il faut être présenté par deux de ses membres.

Art. 7. — Tout membre du Syndicat peut se retirer à tout instant de l'association, mais sans préjudice du droit, pour le Syndicat, de réclamer la cotisation de l'année courante, y compris, éventuellement, la cotisation supplémentaire prévue à l'article 20.

Art. 8. — L'exclusion peut être prononcée contre tout membre qui aura refusé ou omis d'acquitter ses charges, après deux lettres de rappel envoyées à X jours d'intervalle ; contre celui qui aura subi une condamnation entachant son honorabilité ; contre celui qui aura trompé ou cherché à tromper le Syndicat par des actes frauduleux ou par des déclarations mensongères. L'exclusion est prononcée par le Conseil. Elle doit être ratifiée par l'Assemblée générale. Les membres exclus restent tenus de la cotisation de l'année courante, y compris éventuellement la cotisation supplémentaire prévue à l'article 20, mais il cessent immédiatement de bénéficier des avantages du Syndicat.

TITRE III

Objet du Syndicat.

Art. 9. — Le Syndicat est institué en vue de poursuivre les objets suivants : amélioration et acquisition de bons reproducteurs, leur entretien, la conservation, la fondation des fermes de monte, etc., le rapport étroit avec les organisations étrangères similaires, etc.

Les animaux achetés par le Syndicat d'élevage devront être assurés.

Art. 10. — Le Syndicat pourra s'affilier à une Union de Syndicats d'élevage.

TITRE IV

Administration du Syndicat.

Art. 11. — Le Syndicat est administré et dirigé par un Conseil dont les fonctions sont gratuites. Ce conseil comprend :

1° Un bureau composé d'un président, d'un vice-président (ou de deux), d'un secrétaire, d'un trésorier ;

2° Trois à six membres.

Les membres du Conseil sont élus pour trois ans par l'assemblée générale, à la majorité absolue des suffrages exprimés. Ils sont tous rééligibles. Le Conseiller démissionnaire, décédé ou exclu pourra être provisoirement remplacé par le Conseil jusqu'à la prochaine assemblée générale qui doit ratifier son choix. Le conseiller ainsi nommé achève le temps de celui qu'il a remplacé ; il est rééligible.

Le Conseil élit les membres du bureau et pourvoit, dans le mois, aux vacances qui peuvent s'y produire.

ART. 12. — Le président dirige les travaux du Syndicat. Il ordonne les convocations, préside les séances tant du bureau que du conseil et des assemblées générales ; il a voix prépondérante en cas de partage. Il signe, conjointement avec les secrétaires, les procès-verbaux des séances et les lettres d'admission.

Il agit au nom du Syndicat et le représente dans tous les actes de sa vie civile.

Il exerce toutes les actions judiciaires, tant en demandant qu'en défendant, en vertu d'une autorisation du bureau et après avis du Conseil. En cas d'urgence, l'autorisation du bureau suffit, sauf à rendre compte à la prochaine réunion en conseil.

Il règle librement les dépenses courantes.

En cas d'absence ou d'empêchement du président et du vice-président, le bureau peut déléguer leurs pouvoirs à l'un des membres.

ART. 13. — Le secrétaire est dépositaire des registres, états et de tous papiers concernant l'administration du Syndicat. Il tient la correspondance et peut la signer par délégation du président, il rédige les procès-verbaux des séances.

Il est chargé de la tenue du livre zootechnique.

ART. 14. — Le trésorier est dépositaire des fonds du Syndicat ; il recouvre les cotisations, les prix des saillies et toutes les sommes dues à l'association ; il solde les dépenses sur le visa du président ; il tient, au fur et à mesure des encaissements et des paiements, une comptabilité régulière des recettes et des dépenses ; il soumet l'état des recettes et des dépenses à la vérification du bureau ; il dresse, à la fin de chaque année, le compte de l'exercice annuel destiné à l'assemblée générale.

ART. 15. — Le Conseil se réunit toutes les fois que le président le juge nécessaire et au moins trois fois par an. Il a les pouvoirs les plus étendus pour la gestion des affaires du Syndicat. Il décide notamment de l'achat et la vente du géniteur mâle, règle le service des prix de conservation, élabore le règlement intérieur, etc. Il statue sur la conclusion et les conditions des emprunts à contracter

Toutes les fois qu'il s'agira d'emprunts dépassant une somme de .. pesos, il devra consulter l'assemblée générale.

Il délibère si .. membres sont présents.

Art. 16. — Les membres du Conseil ne contractent, en raison de leur gestion, aucune obligation personnelle ou solidaire envers les syndiqués, les fournisseurs ou les tiers ; ils ne répondent que de l'exécution de leur mandat.

Art. 17. — Le Syndicat tiendra au moins une Assemblée générale par an.

C'est dans cette assemblée ordinaire que seront approuvés les comptes de l'exercice, voté le budget et que se feront les élections : l'approbation des comptes servira de décharge au trésorier.

Une assemblée générale pourra être convoquée extraordinairement toutes les fois que le Conseil le jugera nécessaire. Pour toute assemblée générale, les convocations doivent être faites .. jours au moins avant la réunion et indiquer les questions à l'ordre du jour et le lieu de la réunion. Toute question proposée doit être formulée par écrit et remise au président.

Le président peut refuser de mettre en délibération toute question qui n'est pas à l'ordre du jour.

Les décisions sont prises à la majorité, quel que soit le nombre des membres présents. Ne sont admis au vote que les syndiqués ayant payé leur cotisation.

TITRE V

Patrimoine du Syndicat.

Art. 18. — Les recettes du Syndicat d'élevage seront les suivantes :

1° Produit des cotisations ;

2° Produits des remontes ;

3° Subventions de l'Etat, du département (ces subventions seraient augmentées de celles qui étaient auparavant accordées aux éleveurs importateurs dont nous avons parlé dans le précédent chapitre) ;

4° Intérêts des fonds disponibles ;

5° Produits divers.

Recettes extraordinaires :

1° Dons et legs ;

2° Capitaux empruntés ;

3° Indemnités d'assurance en cas de mort du géniteur.

Art. 19. — Les dépenses seront les suivantes :

Dépenses ordinaires. — 1° Frais d'entretien du géniteur ;

2° Intérêts des sommes empruntées ;
3° Primes diverses ;
4° Réserve pour dépréciation du géniteur ;
5° Dépenses administratives, paiement du personnel de ferme, entretien des animaux.

Dépenses extraordinaires. — 1° Prix d'achat des géniteurs ;

2° Remboursement des emprunts.

Art. 20. — La cotisation annuelle est fixée à .. pesos.
Dans le cas où le compte annuel ferait ressortir un excédent de dépenses, cet excédent sera couvert soit par une cotisation supplémentaire exceptionnelle, soit par un prélèvement sur les fonds de réserve, soit un relèvement des prix de saillies. La cotisation supplémentaire exceptionnelle est fixée par le Conseil. Elle ne peut dépasser annuellement la somme de .. Le montant des cotisations supplémentaires pourra être remboursé en tout ou en partie sur les disponibilités des exercices suivants. Moitié de ces disponibilités devra être affectée à ces remboursements, le surplus étant versé au fonds de réserve. Le remboursement aura lieu sans intérêts.

TITRE VI

Modification des Statuts et dissolution.

Art. 21. — Les statuts ne pourront être modifiés que par une assemblée générale extraordinaire réunissant au moins la moitié des syndiqués.

Art. 22. — La dissolution ne pourra être prononcée que par l'assemblée générale et à la majorité des deux tiers des membres faisant partie de l'association ; le conseil sera chargé de la liquidation L'actif net sera appliqué à une œuvre agricole et de préférence à une œuvre intéressant l'élevage.

CONCLUSION

Nous avions eu deux buts au commencement de ce travail : le premier était de faire connaître aux éleveurs français ce pays lointain qui s'appelle la Colombie et qui apprécie la France et l'admire. Si cette petite étude contribuait à accroître de plus en plus les relations commerciales d'un pays qui a tout pour devenir grand : terrain, richesses naturelles, etc., avec un autre qui, malgré les luttes violentes qu'il a dû subir, est toujours sorti victorieux et fier, nous serions heureux dans notre cœur de latin.

Notre deuxième but était de faire connaître aux Colombiens les caractéristiques de deux races qui nous ont paru les plus aptes à améliorer leur cheptel, car nous sommes sûr que ces races réussiront en territoire colombien. Tous les renseignements que nous avons pu recueillir nous ont porté à cette conviction. Nous en avons parlé avec des éleveurs qui ont introduit la race normande en Cundinamarca, Tolima, Magdalena, et aucun n'a été mécontent. Au contraire, ils nous ont fait même entendre que des races autres que celles que nous venons d'énumérer sont impropres au croisement et à la sélection.

Quant à la race charolaise, on ne la connaît pas encore suffisamment en Colombie ; elle y a un grand avenir, car elle est rustique et, surtout, elle remplit le double rôle de productrice de viande et utilisation au travail moteur.

Puisse notre modeste effort avoir atteint ce double but !

Monsieur le Président et Messieurs les Membres du Jury excuseront l'auteur de ce travail pour toutes les fautes qu'ils imputeront à son inexpérience de disciple encore bien inférieur à ses maîtres, et ils lui accorderont toute leur bienveillance en considération de l'amour qu'il porte dans son cœur pour la France.

BIBLIOGRAPHIE

CORNEVIN : *Zootechnie générale*, 1892.

DECHAMBRE : *Traité de Zootechnie générale*, Paris, 1928.

DECHAMBRE : *Les bovins*, Paris, 1922.

MENIAUD (Jacques) : *La race bovine charolaise*, Mâcon, 1921.

HÉDIARD (Léon) : *L'Agriculture dans le département du Calvados.*

KARSLEN (Hermann) : *Géologie de l'Ancienne Colombie Bolivarienne.*

BARON DE HUMBOLDT (Alexander) : *Mimoses et autres plantes légumineuses du Nouveau Continent*, Paris, 1819.

MAZUERA (PEDRO SANZ) : *El Pais del Dorado*, 1926.

BOVIN (Raymond) : *La fortune Agricole du Charolais*, 1924.

BRUNO (G.-M.) : *Geografia de Colombia*, 1928.

MINISTÈRE D'AGRICULTURE (France) : *Circulaire aux Directeurs des Services agricoles relative aux Syndicats d'élevage.*

Herd Book de la race bovine Normande : Statuts et Règlement.

LECHAPTOIS (Fernand) : *Etude de la race bovine normande* (Thèse vétérinaire). Paris, 1927.

TABLE DES MATIÈRES

Imprimerie du Montparnasse et de Persan-Beaumont
47, rue de la Gaîté, Paris-14e.

www.ingramcontent.com/pod-product-compliance
Ingram Content Group UK Ltd.
Pitfield, Milton Keynes, MK11 3LW, UK
UKHW020315220726
13923UKWH00003B/1173

9 782329 037189